Irene Kubern

Filz & Märchenwolle

Figuren, Mobiles und vieles mehr

frechverlag

Sonnenblume

(gelegtes Wollbild, Abbildung siehe Seite 1)

- Karton, 30 cm x 30 cm
- Filzstück, 30 cm x 30 cm, oder zwei Filzstücke, 20 cm x 30 cm, in Beige
- Märchenwolle: drei bis vier Gelbtöne, vier Grüntöne, zwei Brauntöne, orange, schwarz und wollweiß
- Harte Bürste
- Bleistift
- Transparentpapier
- Stoffkleber

Bestreichen Sie den Karton mit Klebstoff, und kleben Sie das beigefarbene Filzstück darauf. Bei zwei Filzstückchen (Kante an Kante kleben) werden die überstehenden Teile mit der Schere angeglichen. Rauhen Sie nun den Filz mit einer Bürste etwas auf. Die Sonnenblume wird vom Vorlagenbogen auf Transparentpapier abgepaust, ausgeschnitten und der Umriß mit Bleistift aufgezeichnet.

Nun legen Sie mit einigen langen, braunen Wollfasern, die zu einem lockeren Faden gedreht werden, die Konturen der Vase und des braunen Blütenkörbchens. Dann wird der Hintergrund koloriert (die rechte Seite ist etwas heller als die linke). Nehmen Sie dazu einen Wollebausch in die eine Hand, drücken Sie einige Fasern mit dem Zeigefinger der anderen Hand fest gegen die Unterlage, und ziehen Sie gleichzeitig das Wollbüschel weg. So bleiben einige Fasern auf der Unterlage haften.

Das Zentrum des braunen Blütenkörbchens wird dunkelbraun angelegt, der äußere Ring ist aus den Farben Orange, Mittel- und Dunkelbraun aufgebaut. Die Blätter gestalten Sie aus zwei bis drei Grüntönen und etwas brauner Wolle. Zum Schluß werden die gelben Blütenblätter gelegt. Beginnen Sie mit dem hellsten Gelbton, und legen Sie nach und nach dunklere Farbnuancen, evtl. auch etwas Hellgrün, darüber. Hierfür ziehen Sie mit zwei Fingern eine Strähne aus dem Wollstrang, schneiden den Ansatz gerade und setzen die Schicht z. B. mit Hilfe einer Schere an den gewünschten Platz. Das Zentrum des Blütenkörbchens erhält etwas mehr Tiefe, wenn Sie die schwarze Wolle in 1 mm – 2 mm kleine Stückchen schneiden und einstreuen. Auf den Ansatz der gelben Blütenblätter werden einige Farbtupfer in Orange gegeben.

Wenn Ihr Bild fertig ist, bedecken Sie es mit einem Blatt Papier und einem feuchten Tuch. Nun dämpfen Sie den Hintergrund mit dem Bügeleisen (Einstellung Baumwolle). Die Blüte selbst bleibt ungedämpft.

Bei Bedarf befestigen Sie Ihr Bild mit doppelseitigem Klebeband auf einer stabilen Unterlage.

Versuchen Sie doch, selbst Wollbilder zu entwerfen und zu legen, z. B. eine Landschaft. Auch für Kinder ist diese Technik sehr gut geeignet!

Fotos: frechverlag GmbH + Co. Druck KG, 70499 Stuttgart; Fotostudio Weisensel, Stuttgart

Auflage: 5. 4. 3. 2. 1. | Letzte Zahlen
Jahr: 2001 2000 1999 98 97 | maßgebend

ISBN 3-7724-2269-1 · Best.-Nr. 2269
Druck: frechverlag GmbH + Co. Druck KG, 70499 Stuttgart

Filz & Märchenwolle –

zwei Materialien, die hier in neuer, ansprechender Weise kombiniert werden:

Filz ist ein weiches, stoffartiges Material, dessen Vorteile auch Kinder zu schätzen wissen: Es läßt sich leicht schneiden, aufkleben und nähen, und die reichhaltige Farbpalette läßt fast keine Wünsche offen. Es muß nicht unbedingt Wollfilz aus 100% reiner Schafschurwolle sein – auch aus dem preiswerteren synthetischen Bastelfilz lassen sich im Handumdrehen kleine Kunstwerke zaubern.

Märchenwolle ist ein bisher noch weniger bekanntes Bastelmaterial, obwohl sich daraus traumhafte Bilder, Tiere, Puppen und vieles mehr herstellen lassen. Auch Kinder nutzen begeistert die Möglichkeiten der freien Entfaltung, die Schafwolle bietet: Sie gestalten Phantasielandschaften, flechten Kränze und filzen Bälle oder andere einfache Gegenstände.

Die unendlich vielen Möglichkeiten, die sich mit Hilfe dieser beiden Materialien verwirklichen lassen, können natürlich nicht alle in diesem Buch aufgeführt werden. Einige Ideen, die Sie zu weiterem Schaffen mit Filz und Märchenwolle anregen sollen, habe ich hier zusammengefaßt. Die ausführlichen Anleitungen und genauen Vorlagen erleichtern Ihnen das Nacharbeiten.

Viel Spaß beim Entdecken dieser beiden märchenhaften Materialien wünscht Ihnen

Irene Kubern

Material

Filz

Filz besteht aus Einzelfasern, die mit Hilfe von Dampf, Druck und Reibung zum Verfilzen gebracht werden. Bastelfilz ist in verschiedenen Qualitäten im Fachhandel erhältlich: Wollfilz aus 100% Schafschurwolle, Filz aus einem Wolle/Zellwolle-Gemisch und ein „Nadelfilz", der aus Kunstfasern besteht. Die meisten Bastelfilze werden chemisch gefärbt, es gibt jedoch auch pflanzengefärbte Wollfilze. Filz wird in der Regel als Formatware (zwei Größen) und als Rollenware mit 45 cm, 90 cm oder 180 cm Breite angeboten.

Märchenwolle

Märchenwolle ist entweder auf Vliesen (Näppchen, s. im Bild links oben) oder am Band gekämmt (Strang, s. im Bild rechts unten) lieferbar. Vliese lassen sich besser zu großflächigen Teilen, z.B. weiten Puppenröcken, verarbeiten, da die Wolle aus etwas kürzeren, leicht gekräuselten Fasern besteht und daher voluminöser ist. Die am Band gekämmte Wolle ist für kleinere Teile geeignet, z.B. enge Puppenkleider, Flechten von Kränzen. Ferner unterscheidet man pflanzengefärbte und chemisch gefärbte Märchenwolle. Die mit Industriefarben gefärbte Wolle ist preisgünstiger.

Pfeifenreiniger und Biegeplüsch

Für die in diesem Heft beschriebenen Blumen (S. 8/9) werden echte Pfeifenreiniger benötigt, die nach einer Seite hin konisch zulaufen. Für die Drahtgestelle der Figuren eignet sich Biegeplüsch (Chenilledraht) aus dem Bastelgeschäft.

Weitere Materialien und Werkzeuge

- Schlauchverband in Weiß; 1,4 cm breit (Apotheke), zur Herstellung von Puppenköpfen
- Stoffkleber, z.B. UHU Bastelkleber
- Heißklebepistole
- Schere
- Nadel und Faden in verschiedenen Farben
- Verschiedene Perlen
- Stopfwolle
- Trikotstoff
- Tannen- und Kiefernzapfen
- Styropor-, Watte- und Holzkugeln
- Bindedraht

Herstellung eines Puppenkopfes

(für Puppen aller Größen in diesem Buch)

Material für einen Puppenkopf:

- Stopfwolle
- Zwirn
- 20 cm Schlauchverband; 1,4 cm breit
- Puppentrikot, ca. 7 cm (Breite) x 8 cm (Webrichtung)
- Stickgarn in Rot und Hellblau

1 Fertigen Sie aus dünnen, langen Wollsträhnen eine feste Kugel mit 9 cm Umfang. Darüber werden ca. 15 cm x 15 cm große Vliesstücke gestülpt, bis der Umfang 10 cm beträgt. Dann Hals mit Zwirn abbinden.

2 Schlauchverband wenden, eine Seite mit Zwirn fassen, zusammenbinden, wenden und über die Wollkugel stülpen. Hals erneut abbinden und den Schlauchverband am Körperende zusammenfassen.

3 Schlagen Sie als Augenlinie einen Zwirn zweimal waagrecht um den Kopf herum (Kopfmitte), und ziehen Sie so fest an, daß eine leichte Vertiefung entsteht. Mit Stecknadeln erleichtern Sie sich das darauffolgende senkrechte Abbinden. Zwirn zweimal vertikal um den Kopf schlagen und festziehen. Die beiden Stellen, an denen sich die Fäden kreuzen (Ohrenhöhe), mit einigen Stichen festnähen. Ziehen Sie den Faden, der über den Hinterkopf läuft, in den Nackenbereich hinunter, und nähen Sie ihn fest (der Kopfumfang beträgt nun noch ca. 9 cm).

Trikot über das Gesicht spannen und so am Hinterkopf feststecken und nähen, daß der Trikot ca. 1,5 cm über den Scheitel hinausragt. Überstehenden Trikot an der linken und rechten Schläfe einschneiden, die beiden Trikotstreifen des Hinterkopfes etwas kürzen, übereinanderschlagen, Trikotstreifen der Stirnpartie darüberziehen und festnähen (siehe Zeichnung).

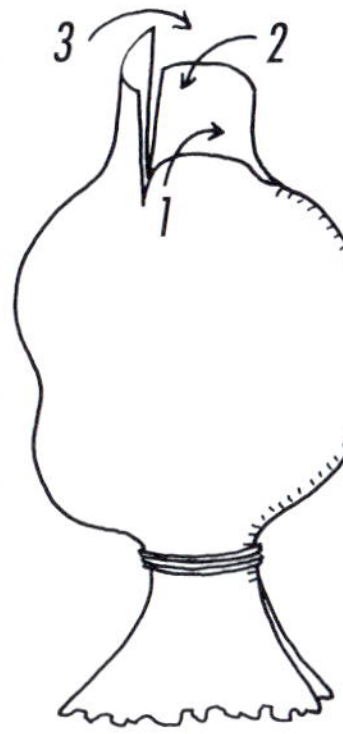

Jetzt mit Stecknadeln die Position der Augen und des Mundes bestimmen. Die Augen werden sehr dezent aus zwei bis drei Einzelfäden des blauen Stickgarns genäht (mit einer langen Nadel evtl. mehrmals ganz durch den Kopf stechen und leicht einziehen). Für den Mund reicht ein Einzelfaden aus.

Die Anbringung der Arme und Hände aus Biegeplüsch und Trikotstoff wird auf Seite 6 beschrieben. Fertig bestickte Gesichter sehen Sie auf den jeweiligen Abbildungen.

Blumenkinder und Gräserjunge

- Puppenkopf (Herstellung s. Seite 5)
- Puppentrikot für Hände
- Biegeplüsch, 30 cm
- Füllwolle
- Märchenwolle für Haare
- Filz
- Evtl. Kordel für Gürtel, etwas Spitze für Kragen, etwas Schleifenband, kleine Perlen, Grashalm
- Für das Rouge: rote Wachskreide, Papiertaschentuch
- Nadel und Faden

Für alle Figuren gilt:

Fertigen Sie einen Puppenkopf mit 9 cm Umfang an (s. Beschreibung Seite 5). Für die Arme werden jeweils 7,5 cm des Biegeplüschstücks zum Mittelpunkt eingebogen. Nun spannen Sie je ein 3 cm x 5 cm großes Trikotstück über die Enden der Arme und binden die Handflächen ab. Die Arme werden auf dem Rücken des Puppenkörpers festgenäht (s. Seite 5). Umwickeln Sie die Arme mit etwas Füllwolle.

Kleidung der Blumenkinder

Schneiden Sie das Oberteil des Kleidchens zurecht (Vorlagenbogen), und nähen Sie die Ärmelnähte. Jetzt können Sie dem Blumenkind das Oberteil überstreifen, die Ärmelenden am Handgelenk feststicheln und die Rückennaht schließen. Beim Rockteil des Kleidchens ist die Längsnaht zu nähen und der

Bund mit Heftstichen zu fassen. Ziehen Sie den Rock auf 10 cm Umfang zusammen, und nähen Sie ihn am Oberteil fest. Der Saum wird (je nach gewünschter Puppengröße) eingeschlagen.

Drehen Sie nun aus etwas Füllwolle eine Rolle, die den Rock gut ausfüllt, und stecken Sie diese von unten in das Rockteil. Die überschüssige Wolle wird bündig mit dem Saum abgeschnitten.

Für die Haare nähen Sie mit kleinen Stichen ein Büschel Märchenwolle auf das Köpfchen. Zupfen Sie sie zurecht, oder flechten Sie Zöpfchen. Zum Schluß legen Sie etwas Rouge auf: Reiben Sie ein Papiertaschentuch so lange an einer roten Wachskreide, bis etwas Farbe abgegangen ist, und betupfen Sie damit vorsichtig die Wangen.

Die einzelnen Accessoires wie Gürtel und Kragen finden Sie auf dem Vorlagenbogen. Das Narzissenmädchen besitzt als Kragen ein Stück Spitze, das mit Wasserfarben eingefärbt wurde.

Kleidung des Gräserjungen

Schließen Sie nach dem Ausschneiden der einzelnen Teile (Vorlagenbogen) beim Oberteil die Ärmelnähte und bei der Hose die drei Längsnähte. Nun werden beim Gräserjungen das Oberteil übergestreift, die Ärmelenden am Handgelenk festgestichelt und die Rückennaht geschlossen. Fassen Sie den Hosenbund, ziehen Sie ihn auf 10 cm Umfang zusammen, und nähen Sie die Hose am Oberteil fest. Schlagen Sie den Hosensaum ein, und füllen Sie die Hose mit Füllwolle.

Für die Haare nähen Sie etwas Märchenwolle am Kopf fest. Legen Sie den 5 cm x 11 cm großen Filzstreifen über den Kopf, und stecken Sie die Form des Hinterkopfes ab. Die Mütze wird genäht und dem Gräserjungen aufgesetzt.

Schneiden Sie noch den Umhang aus, und suchen Sie einen passenden Grashalm, der an eine Hand genäht wird. Zuletzt kann dem Jungen etwas Rouge aufgetragen werden.

Blumen

- Pfeifenreiniger
- Filzreste
- Bindedraht
- Naturfarbener Bast (Osterglocke)
- Linsen (Gänseblümchen und Rose)
- Erbse (Mohnblume)
- Wasserfarben
- Nadel und Faden
- Gelbes Baumwollgarn

Mohnblume

Überziehen Sie die Erbse mit einem 3 cm x 3 cm großen, schwarzen Filzstück, und binden Sie den Filz mit einem schwarzen Faden ab. Färben Sie den weißen Pfeifenreiniger im gewünschten Grünton mit Wasserfarbe ein. Wenn er getrocknet ist, können Sie ihn als Stiel an die überzogene Erbse kleben. Stutzen Sie die überschüssigen Falten zurecht.

Schneiden Sie nun als Staubbeutel ein 2 cm x 9 cm langes, schwarzes Filzstück aus. Dieses Stück wird an einer Seite in ca. 3 mm breite Streifen geschnitten (Vorlagenbogen). Umwickeln Sie damit dreimal den Mittelpunkt der Blume.

Schneiden Sie nun acht Blütenblätter und ein grünes Blatt (Vorlagenbogen) aus. Kleben Sie zuerst vier Blütenblätter auf die Staubbeutel. Die restlichen Blütenblätter werden versetzt aufgeklebt. Zum Schluß befestigen Sie noch das grüne Blatt am Stiel.

Gänseblümchen

Eine Linse wird mit einem 2,5 cm x 2,5 cm großen, gelben Filzstück als Blütenkörbchen überzogen. Binden Sie den Filz mit einem gelben Faden ab, und färben Sie mit Wasserfarbe einen Pfeifenreiniger im gewünschten Grünton ein. Wenn er getrocknet ist, wird er als Stiel an die überzogene Linse geklebt. Schneiden Sie den überstehenden Filz ab.

Ein weißes Filzstück (1,5 cm x 9 cm) wird an einer Längsseite in ca. 1 cm tiefe und 2 mm breite Streifen geschnitten (Vorlagenbogen). Achten Sie auf die Reißfestigkeit des Filzes! Runden Sie die Blütenblättchen etwas ab, und umwickeln Sie das gelbe Blütenkörbchen dreimal mit dem eingeschnittenen Filzstreifen. Darauf wird dann der Blütenboden geklebt.

Kürzen Sie den Stiel auf die gewünschte Länge. Zum Schluß werden noch drei grüne Blättchen (Vorlagenbogen) am Stielende befestigt.

Osterglocke

Ein Pfeifenreiniger wird im gewünschten Grünton mit Wasserfarbe eingefärbt. Schneiden Sie den Blütenkelch und sechs Blütenblätter aus gelbem Filz aus, und kleben Sie an die Spitze des Pfeifenreinigers einige gelbe Baumwollfäden als Staubbeutel. Der Blütenkelch läßt sich sehr gut ohne Überlappung zusammenkleben, wenn man ihn über einen Stift rollt. Jetzt wird der Blütenkelch am Stiel befestigt, und die sechs Blütenblätter werden auf die hintere Seite des Blütenkelchs geklebt. Biegen Sie nun die oberen 1,5 cm des Stiels waagrecht ab. Diese Stelle wird mit einem schmalen, grünen Filzstreifen verdickt. Kleben Sie nun noch ein ca. 5 cm langes, beigefarbenes, spitz zugeschnittenes Baststück am Stiel fest. Das grüne Blatt besteht aus zwei Zuschnitten, zwischen die ein Stück Bindedraht miteingeklebt wird.

Rose

Färben Sie zwei Pfeifenreiniger mit Wasserfarbe im gewünschten Grünton ein. Als Fruchtknoten dient eine mit gelbem Filz bezogene Linse. Binden Sie den Filz mit gelbem Faden ab, und kürzen Sie den Überschuß. Nun können Sie den Stiel an die überzogene Linse kleben.
Fertigen Sie aus gelbem Baumwollgarn oder eingefärbten Sisalfasern einige Staubbeutel. Die Rose hat fünf Blütenblätter, die schuppenartig aufgeklebt werden. Der Blütenboden wird aus vier grünen Kelchblättchen gebildet. Schneiden Sie für das Rosenblatt fünf grüne Einzelblättchen aus, und kleben Sie diese am zweiten eingefärbten Pfeifenreiniger fest.
Sehr natürlich wirkt die Rose durch das Aufkleben von echten Rosendornen.

Vergißmeinnicht

Färben Sie mit Wasserfarbe zwei Pfeifenreiniger im gewünschten Grünton ein. Ein Pfeifenreiniger bildet den Hauptstiel, der andere wird für Verzweigungen benötigt. Fertigen Sie mindestens drei Blütentrauben in drei Blütengrößen (Vorlagenbogen) an. Zur Spitze hin werden die Blüten immer kleiner.
Die Blüten können Sie folgendermaßen am Stiel befestigen: Fädeln Sie einen dünnen, gelben Baumwollfaden in eine Nadel ein. Umwickeln Sie mit dem Fadenende ungefähr zehnmal die Nadel, und ziehen Sie dann die Nadel durch die Schlingen. Dadurch entsteht ein Knoten, der den Blütenmittelpunkt bildet.
Nähen Sie so nacheinander alle Blüten an: Die Blütentrauben können Sie noch mit einigen Knospen ausstatten. Zupfen Sie dafür aus dem Filz kleine Faserteile, und formen Sie aus Fusseln und Klebstoff einige Kügelchen. Nun fehlen nur noch die drei grünen Blättchen (Vorlagenbogen).

Schmetterlings-mobile

- Filzreste
- Kleine Perlen
- Bindedraht
- Nadel und Faden

Schneiden Sie die Schmetterlinge gemäß Vorlage zu (getrennte Flügel). Für die doppelten oder dreifachen Schmetterlingsflügel benötigen Sie jeweils vier bzw. sechs Flügelteile. Diese werden vor dem Anbringen am Körper leicht versetzt zusammengeklebt.
Die Fühler fertigen Sie aus einem ca. 12 cm langen Bindedraht, der auf 6 cm zusammengebogen wird (Vorlagenbogen). Stecken Sie auf die Drahtenden je eine kleine Perle, und schlingen Sie die Drahtenden um die Perle. Nun zupfen Sie aus einem farblich passenden Filzstück (Kante) kleine Faserstückchen, und bekleben Sie damit den Draht und die Perlen. Drehen Sie den Draht so lange zwischen Daumen und Zeigefinger, bis alles schön gleichmäßig überzogen ist.
Dann bestreichen Sie das Körperstück mit Klebstoff, legen die fertigen Fühler in die Mitte und wickeln das Filzstück zusammen. Befestigen Sie die Flügel an der Unterseite des Körpers, und verzieren Sie die Schmetterlinge nach Lust und Laune.

Als Mobile oder einfach an blühende Zweige gehängt, bringen diese Schmetterlinge Farbe in Ihre Wohnung!

Ballons

- Filz in verschiedenen Farben
- Nadel und Faden

Schneiden Sie acht Kreise mit 10 cm Durchmesser in den gewünschten Farbtönen aus, und nähen Sie alle acht Scheiben an der gestrichelten Linie mit Steppstichen zusammen (Vorlagenbogen).
Bei zweifarbigen Ballons werden sieben Scheiben im Wechsel aufeinandergelegt und zusammengesteppt. Der achte Kreis muß an der gestrichelten Linie auseinandergeschnitten werden. Nähen Sie nun beidseitig je einen Halbkreis auf die Steppnaht.
Die Ballons können Sie frei nach Ihren Farbwünschen gestalten.
Dann werden die einzelnen Kreise miteinander verbunden. Nähen Sie zuerst zwei Kreise an den mit Kreuzen gekennzeichneten Stellen zusammen (Vorlagenbogen). Einen der gerade angenähten Kreise verbinden Sie jetzt an der mit Doppelkreuzen markierten Stelle mit dem nächsten Kreis. So geht es im Wechsel weiter, bis alle Kreise miteinander verbunden sind. Zum Schluß schneiden Sie noch einen Filzkreis mit 10 cm Durchmesser für die Gondel aus. Fassen Sie den Kreis mit Zwirn ca. 3 mm vom Rand entfernt, und formen Sie daraus ein schönes Körbchen. Diese Gondel wird mit vier Fäden am Heißluftballon befestigt.

Mit diesen Ballons können Sie ein Mobile gestalten, oder Sie hängen sie einzeln auf.

Gänseliesel

- Märchenwolle (Strang), rot
- Märchenwolle, wollweiß (Strang) und gelb
- Wattekugel (3 cm ø)
- Nadel und Faden
- Schleifenband in Rot
- Gerte, Stock oder Stecken

Stülpen Sie ein ca. 15 cm x 15 cm großes Vliesstück der wollweißen Märchenwolle über die Wattekugel. Dieser Vorgang wird wiederholt, bis der Kopfumfang ca. 10 cm beträgt. Binden Sie nun den Hals ab. Die überstehende Wolle wird zu einem Puppenkörper geformt und mit Garn fest zusammengezogen.
Jetzt schneiden Sie vom roten Märchenwollestrang ein ca. 35 cm langes Teilstück ab, das zusammengefaltet der gewünschten Armstärke entspricht. Nähen Sie die Schnittkanten des Teilstücks zusammen, und binden Sie an den Armenden je 2 cm für die Hände ab. Die Hände werden anschließend mit etwas heller Märchenwolle überzogen.
Schneiden Sie ein ca. 25 cm langes Stück für das rote Kleid ab, und klappen Sie es auf 12,5 cm zusammen. Die Wolle wird am Falz geteilt und der Körper bis zum Hals hindurchgezogen. Nun können Sie die Arme am Rücken des Puppenkörpers befestigen. Nähen Sie die beiden Teile des Kleides mit kleinen Stichen und farblich passendem Faden zusammen. Für die Schürze benötigen Sie vom hellen Wollstrang ein ca. 35 cm langes Band und ein Schürzenstück von ca. 8 cm Länge. Ziehen Sie das Schürzenstück etwas auseinander, und nähen Sie es mittig am 35 cm langen Band fest.
Für die Haare legen Sie ein ca. 25 cm langes Büschel gelber Märchenwolle über den Kopf, nähen es mit kleinen Stichen fest und flechten zwei Zöpfchen, die mit rotem Schleifenband zusammengehalten werden. Damit die Gänseliesel ihre Gänse hüten kann, erhält sie noch eine Gerte, einen Stock oder Stecken in die Hand.

Gänse

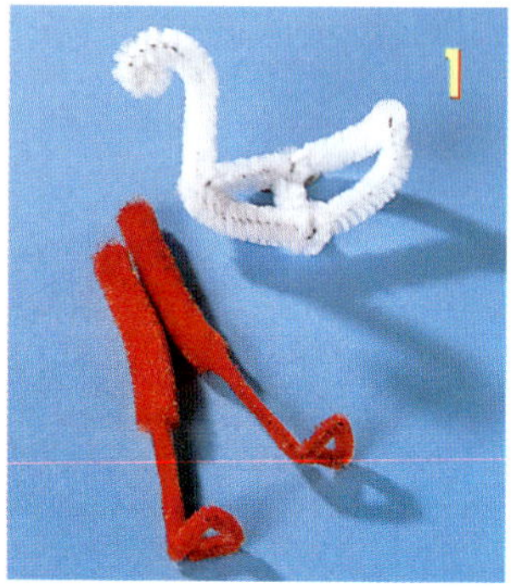

- Biegeplüsch, rot (2 x 11 cm) und weiß (28 cm)
- Märchenwolle, wollweiß (Vlies)
- Rote Filzreste für Schnabel

Fertigen Sie zuerst ein Gestell für die Gänse an: Kopf, Hals und Körper werden aus einem weißen Biegeplüschstück (ca. 28 cm) geformt. 7 cm des Drahtes ergeben Kopf und Hals, 14 cm bilden den Körper, und die restlichen 7 cm verbinden und stabilisieren die beiden Körperhälften (s. Abbildung 1).
Stutzen Sie nun je die Hälfte der beiden roten Biegeplüschdrähte mit der Schere, so daß gerade noch der Draht verdeckt bleibt, und formen Sie daraus dreieckige Füße (Seitenlänge 1 cm). Den ungestutzten Teil schlagen Sie um die Verbindung zwischen den Körperteilen und um das Körpergestell (s. Abbildung 2).
Nun umwickeln Sie zuerst den Kopf, den Hals und dann den Körper mit dünnen Wollsträhnen (ohne Klebstoff!). Bauen Sie so Schicht um Schicht die endgültige Körperform der Gans auf. Zum Schluß wird noch ein roter Schnabel aus Filz angeklebt (Vorlagenbogen).

Obst und Gemüse

Für alle Teile benötigen Sie Filzreste in verschiedenen Farben. Alle weiteren Materialien werden in den einzelnen Anleitungen genannt.

Banane und Mandarine

Teile bzw. Teil ohne Nahtzugabe ausschneiden (Vorlagenbogen) und links, 2 mm vom Rand entfernt, mit Steppstichen bis auf eine kleine Öffnung zusammennähen. Wenden und mit Stopfwolle ausstopfen. Naht schließen und braunen bzw. grünen Filzpunkt (verblühte Kelchblätter) aufkleben.

Birne und Apfel

Alle Teile ohne Nahtzugabe zuschneiden (Vorlagenbogen) und links, 2 mm vom Rand entfernt, mit Steppstichen bis auf eine kleine Öffnung zusammennähen. Wenden und mit Stopfwolle ausstopfen. Naht schließen. Filzstück für Stiel mit Klebstoff bestreichen und zusammenkleben. Filzstück für verblühte Kelchblätter zusammenrollen und mit Nadel und Faden an einer Seite zusammennähen. Stiel und Blütenreste werden nun innerhalb der Birne bzw. des Apfels mit einer langen Nadel mehrfach zusammengezogen und festgenäht. Blatt für Apfel ausschneiden und ankleben.

Melone

Mit scharfem Messer ein Viertel aus einer Styroporkugel (ø 60 mm) herausschneiden oder Kugel halbieren. Äußere Fläche mit grünem Filz, innere Schnittfläche mit rotem Filz (Vorlagenbogen) beziehen. Leinsamenkerne aufkleben.

Salatkopf

Wattekugel (ø 15 mm oder 20 mm) mit Filz überziehen und abbinden. Überschüssigen Filz zurechtstutzen. Kugel mit den drei kleinsten Salatblättchen bekleben (Vorlagenbogen). Die restlichen Salatblätter gut dehnen und auseinanderziehen, bis sie fast einreißen. Jeweils drei Blätter derselben Größe, zuerst die kleinen und dann die größeren, um den Salatkopf kleben.

Pilz

Mit einem scharfen Messer knapp die Hälfte einer Wattekugel (ø 20 mm, 25 mm oder 30 mm) abschneiden. Oberfläche des Pilzes mit dunkelbraunem (Vorlagenbogen), die Unterseite mit mittelbraunem Filz beziehen.
Einen 2 cm breiten, beigefarbenen Streifen zuschneiden, mit Klebstoff bestreichen, zusammenrollen und als Stiel ankleben.

Karotte

Teile ohne Nahtzugabe ausschneiden und an der breitesten Stelle etwas dehnen. Filzstücke links, 2 mm vom Rand entfernt, mit Steppstichen bis auf eine kleine Öffnung zusammennähen. Wenden und mit Stopfwolle ausstopfen. Zwei ca. 4,5 cm lange Filzstückchen im unteren Viertel zusammenkleben. Davon dünne Streifen als Blattgrün abschneiden und in die Karotte einnähen.

Paprika

Filzstück (10 cm x 6 cm) ohne Nahtzugabe ausschneiden und an einer Längsseite nach 3,3 cm und 6,6 cm je 0,5 cm tief einschneiden (Vorlagenbogen). Rechte Außenkante zum ersten Einschnitt hin falten und als Rundung abnähen. In der gleichen Weise fortfahren (Vorlagenbogen). Abnäher fertigstellen und Seitennaht schließen, Paprika wenden und mit Stopfwolle ausstopfen. Obere Öffnung mit doppeltem Faden fassen und zusammenziehen. Stiel mit Klebstoff bestreichen und zusammenrollen. Grünen Kreis ausschneiden, in der Mitte ein Loch einstechen und über den Stiel ziehen. Stiel mit einer langen Nadel innerhalb der Paprikaschote mehrmals an Paprikaspitze festnähen.

Gurke

Teil ohne Nahtzugabe zuschneiden. Abnäher nähen und Seitennaht ca. 2 mm vom Rand entfernt mit Steppstichen teilweise schließen. Wenden, mit Stopfwolle ausstopfen und verbliebene Öffnung schließen.

Tomate

Wattekugel (ø 20 mm) mit rotem Filz überziehen und Blattgrün aufkleben (Vorlagenbogen).

Scheibenfiguren

- Je 5 bunte Holzperlen, ø 8 mm (Füße, Hände, Hals)
- Je 1 Holzperle in Natur, ø 2,5 cm (Kopf)
- Kleine bunte Holzperlen, ø 4 mm
- Filzreste in verschiedenen Farben
- Nadel
- Schleifenband für Mädchen
- Dickes Nähgarn
- Holzfarbstifte

Auf dem Vorlagenbogen finden Sie den Durchmesser und die Einstichlöcher der Filzscheiben.

Junge

Eine Perle (ø 8 mm) auf einen ca. 35 cm langen Faden aufziehen und festbinden. Danach im Wechsel eine Filzscheibe und eine kleine Perle auffädeln, bis die Beinhöhe durch 14 Scheiben und 14 Perlen erreicht ist. Verfahren Sie mit dem zweiten Bein in gleicher Weise. Nun wird der Körper aufgefädelt. Ab der sechsten Körperfilzscheibe rücken die Einstichstellen immer enger zusammen. Die Arme werden wie die Beine angefertigt (elf Filzscheiben), allerdings enden sie mit je drei kleinen Perlen. Ziehen Sie für die Befestigung der Arme am Körper die Armfäden durch die kleine Perle zwischen den Körperscheiben Nr. 12 und 13 und die restlichen beiden Körperkreise. Alle Fäden enden dann in einer Holzperle von 8 mm Durchmesser. Darauf sitzt die mit Holzfarbstiften bemalte Kopfkugel. Der Junge benötigt jetzt noch eine Zipfelmütze (Vorlagenbogen), die aufgeklebt wird. Die Fliege (Filzstreifen zusammenkleben, wie eine Schleife abbinden, Abbindefaden mit einem kleinen Filzstreifen überdecken) wird auf die Halsperle geklebt.

Mädchen

Das Mädchen wird auf die gleiche Weise hergestellt wie der Junge. Hier bestehen die Beine und die Arme jedoch aus je zehn, der Rock aus neun, die Taille aus zwei, der Oberkörper aus sechs und der Kragen aus zwei Filzscheiben. Die Arme werden nach der fünften Oberkörperscheibe eingezogen. Auf die sechste Oberkörperscheibe und die beiden kleinen Perlen setzen Sie

den Kragen (beide Kreise bis zur Mitte einschneiden, jeweils zu einem Halbkreis zusammenschieben und an den Schnittstellen zusammenkleben). Kleben Sie die Haare (Vorlagenbogen) um den Kopf (Vorsicht, nicht an den Streifen ziehen!), und binden Sie daraus mit dem Schleifenband einen Pferdeschwanz.
Malen Sie mit Holzfarbstiften Augen, Mund und evtl. die Nase auf die große Holzperle, und tragen Sie etwas Rouge auf.

Seehund

- Zwei Filzzuschnitte derselben Farbe (20 cm x 30 cm)
- Filzreste in Schwarz
- Stopfwolle
- Weißer Nähfaden
- Nadel

Übertragen Sie die sechs Musterteile des Vorlagenbogens (2x Körper mit Körperunterteil und Schwanzflosse, 2x Körperunterteil, 2x Schwanzflosse) mit Nahtzugabe auf den Filz, und schneiden Sie die Stücke aus. Sie werden auf der Rückseite, ca. 2 mm vom Rand entfernt, mit Steppstichen bis auf eine kleine Öffnung am Bauch zusammengenäht. Jetzt können Sie den Seehund wenden und ausstopfen.
Schließen Sie dann die Stopföffnung, und kleben Sie Augen aus schwarzem Filz auf. Mit weißem Nähfaden werden Augenbrauen und Schnurrbarthaare aufgenäht.

Hund

- Zwei Filzzuschnitte derselben Farbe (20 cm x 30 cm)
- Stickgarn
- Stopfwolle
- Nadel
- Schleifenband

Pausen Sie vom Vorlagenbogen die vier benötigten Filzteile (2x Körper mit Körperunterteil, 1x gespiegeltes Körperunterteil, 1x Kopfkeil) ab, und schneiden Sie die Stücke mit Nahtzugabe zu.

Nähen Sie die Teile auf der Rückseite, ca. 2 mm vom Rand entfernt, mit Steppstichen bis auf eine kleine Öffnung am Bauch zusammen. Nach dem Wenden werden zuerst die Beine des Hundes fest ausgestopft, danach Kopf und Körper. Dann können Sie die letzte Öffnung schließen.

Zum Schluß werden die Ohren zugeschnitten, gesteppt, gewendet und angenäht. Mit etwas Stickgarn werden dem Hund noch Augen und Schnauze aufgestickt.

Fisch-Mobile

Fische

- Filzreste
- Stopfwolle
- Nadel und Faden
- Klebstoff
- Bindedraht

Die Fischformen werden auf den gewünschten Filz übertragen (Vorlagenbogen) und ohne Nahtzugabe ausgeschnitten.

Feston-stich

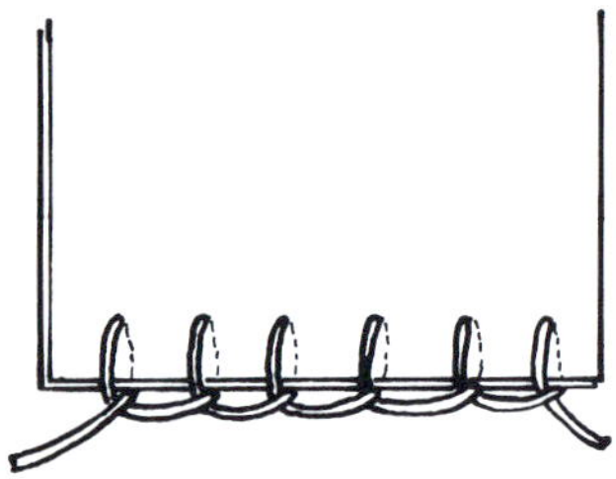

Nähen Sie jeweils zwei Teile mit Festonstichen (s. obige Zeichnung) bis auf eine kleine Öffnung zusammen. Die Fische werden mit etwas Stopfwolle gefüllt und zugenäht.
Schneiden Sie Schuppen in den gewünschten Farben zurecht, und bekleben Sie damit die Fische. Zum Schluß werden noch Lippen (2x), Augen (je 2x) sowie Bauch- und Rückenflossen (je 1x) mit Klebstoff aufgeklebt.

Wasserpflanze

Die grünen, grasförmigen Blätter bestehen jeweils aus zwei Zuschnitten, zwischen die ein Stück Bindedraht miteingeklebt wird.
Breite der Blätter: 12 mm – 14 mm
Länge der Blätter: 15 cm – 25 cm, spitz zulaufend
Vor dem Aufhängen werden alle Blätter unten am breiten Ende zusammengenäht.

Schneewittchen und die sieben Zwerge

- Holzkugel; ø 3,5 cm
- Tannenzapfen, ca. 11 cm lang
- Weißer Filz
- Weiße Kordel für Gürtel
- Schwarze Märchenwolle (Haare)
- Klebeband
- Nadel und Faden
- 7 Holzkugeln; ø 2 cm
- 7 Kiefernzapfen
- Verschiedene Filzreste (Mützen)
- Etwas weiße oder graue Märchenwolle (Bärte)
- Holzfarbstifte

Schneewittchen

Umwickeln Sie den Tannenzapfen an der Stelle, die später die Taille ergibt, mehrere Male mit Klebeband, damit der Zapfen auch in trockenem Zustand nicht aus der Form gerät. Nähen Sie das vom Vorlagenbogen auf den weißen Filz übertragene Kleid, und ziehen Sie es über den Tannenzapfen. Die Ärmel werden etwas nach innen geschlagen. Das Kleid wird mit einer weißen Kordel zusammengehalten.

Bemalen Sie die Holzkugel mit Augen und Mund, und tragen Sie etwas Rouge auf (s. Blumenkinder, Seite 7). Für die Haare benötigen Sie etwas schwarze Märchenwolle. Zuerst klebt man einige Stirnfransen am Scheitel fest. Darüber befestigt man ein weiteres Büschel Wolle und zupft die Haare entsprechend zurecht. Der fertige Kopf wird am besten mit Hilfe einer Heißklebepistole am Tannenzapfen festgeklebt.

Zwerge

Die Holzkugeln werden mit Augen und Mund bemalt und mit einem kleinen Bart aus Märchenwolle versehen. Die Mützen haben jeweils eine andere Farbe (Zuschnitt s. Vorlagenbogen). Kleben Sie auch hier die fertigen Köpfchen mit Hilfe der Heißklebepistole an den Kiefernzapfen fest.

Richtig märchenhaft wirkt das Mobile, wenn man die Figuren an einen schönen Ast hängt.

Schneeflöckchen-Mobile

- Weißer Filz
- Nadel und Faden
- Zwirn
- Märchenwolle, wollweiß
- Stopfwolle

Stellen Sie einen Puppenkopf mit Körper (Material und Anleitung s. Seite 5) mit einem Enddurchmesser von höchstens 6 cm her.

Die Haare entstehen aus einem Büschel Märchenwolle, das am Kopf mit einigen kleinen Stichen angenäht wird. Die dadurch entstehenden Einbuchtungen werden am Schluß mit den Fingerspitzen wieder vorsichtig herausgezogen. Legen Sie noch etwas Rouge auf die Wangen (s. Blumenkinder, Seite 7).

Dann wird der weiße Filzkreis (Vorlagenbogen) ausgeschnitten und mit starkem Zwirn ca. 2 mm innerhalb des Randes gefaßt. Ziehen Sie den Faden etwas an, und stecken Sie den Körper in die Mitte der weißen Bauchkugel. Die Leerräume werden mit Stopfwolle ausgefüllt. Dann wird der Zwirn ganz eng um den Hals zusammengezogen, verknotet und vernäht.

Bekleben Sie das Schneeflöckchen noch mit einigen weißen Filzsternchen (Vorlagenbogen). Nach Wunsch können Sie mehrere Schneeflocken aus Märchenwolle anfertigen, die auf einen Faden aufgereiht werden, oder kleben Sie für ein Mobile einige Sternchen auf einen Nähfaden.

Krippenszene

(Anleitung s. Seite 30/31)

Maria

- Filz in Blau und Violett
- Märchenwolle in Gelb
- Stopfwolle (Schafschurwolle)
- Nadel und Faden
- Biegeplüsch, 30 cm (Arme)
- Puppentrikot

Krippenszene

(Fortsetzung Maria von Seite 29)
Fertigen Sie einen Puppenkopf mit 9 cm Umfang an (Material und Anleitung s. Seite 5). Die Herstellung der Arme aus Biegeplüsch und Trikotstoff wird auf Seite 6 beschrieben (Blumenkinder und Gräserjunge; „Für alle Figuren gilt:").
Schneiden Sie das Kleid zurecht (Vorlagenbogen), und schließen Sie die Ärmel- und Seitennähte. Zum Anziehen muß das Kleid auf dem Rücken ca. 4 cm eingeschnitten und dann wieder geschlossen werden. Schlagen Sie den Saum bis zur gewünschten Größe der Figur ein. Aus Stopfwolle wird eine kleine Rolle gedreht und damit das Kleidchen ausgestopft. Die überschüssige Stopfwolle wird bündig mit dem Saum abgeschnitten. Für die Haare wird eine kleine Strähne Märchenwolle auf das Köpfchen genäht. Darüber drapieren Sie den Umhang und nähen ihn fest. Zum Schluß erhalten die Wangen noch etwas Rouge (s. Blumenkinder, Seite 7).

Krippe

Bestreichen Sie vier Filzstücke (je 6,5 cm x 4 cm) mit Klebstoff, und umwickeln Sie damit vier Zahnstocher. Je vier von acht Filzstücken (à 4 cm x 9 cm) werden mit Bügelvlies aufeinandergebügelt (ansonsten kleben Sie die Stücke mit Klebstoff zusammen). Schneiden Sie die beiden Platten auf 8 cm x 3,5 cm zurecht.
Mit Faden werden je zwei umklebte Zahnstocher überkreuzt zusammengebunden, und die beiden evtl. großzügig zusammengenähten Platten werden aufgeklebt. Auspolstern können Sie die Krippe mit Stroh, Heu oder Märchenwolle.

Jesuskind

Überziehen Sie eine Wattekugel (ø 1,5 cm) mit Puppentrikot, und nähen Sie als Haare etwas Märchenwolle an. Der Körper wird aus einem 4 cm x 9 cm großen, weißen Filzstück, das an beiden langen Seiten gefaßt wird, angefertigt.

Josef und Hirten

- Biegeplüsch, 30 cm (Arme) und 50 cm (Beine)
- Puppentrikot
- Filz und Märchenwolle in verschiedenen Farben
- Stopfwolle
- Nadel und Faden

Fertigen Sie einen Puppenkopf mit Puppenkörper und Armen an (s. Beschreibung Maria). Für die Beine werden jeweils 12,5 cm des Biegeplüschs zum Mittelpunkt umgebogen und verzwirbelt. Ca. 1,5 cm der Drahtenden werden als Füße im Winkel von 90° abgebogen. Nähen Sie die Beine je nach der gewünschten Puppengröße am Puppenkörper fest, und umwickeln Sie sie mit etwas Stopfwolle.
Jetzt können Sie die Hose zuschneiden, nähen und am Körper feststicheln (Zuschnitt und Anleitung s. Hose Gräserjunge, Seite 7). Das Oberteil wird zum Anziehen etwas eingeschnitten und dann wieder geschlossen. Je nach Wunsch fertigen Sie noch Weste, Umhang, Stiefel, Kopfbedeckung (Kapuze oder Hut) und Hirtenstab. Die Vorlagen für die verschiedenen Kleidungsstücke finden Sie auf dem Vorlagenbogen.
Zum Schluß nähen Sie die Haare und evtl. einen Vollbart aus Märchenwolle am Puppenkopf fest. Ein Hauch Rouge auf den Wangen belebt die Gesichtszüge.

Ochse

Schneiden Sie die vier benötigten Teile ohne Nahtzugabe aus braunem Filz aus (Vorlagenbogen). Nähen Sie zuerst die beiden Unterteile mit Steppstichen zusammen (Bauchnaht). Danach wird das Unterteil zwischen die beiden Seitenteile eingefügt (mit Festonstichen, s. Zeichnung Seite 22). Bringen Sie nun den Mittelstreifen für den Rücken von Ansatzstelle B bis Ansatzstelle C

(Hörner) an. Bevor Sie bei Punkt C den Mittelstreifen für den Kopf ansetzen, formen Sie die Hörner: Bestreichen Sie hierfür ein weißes Filzstück (Vorlagenbogen) mit Klebstoff, wickeln Sie es straff zusammen, und formen Sie die Hörner. Diese werden bei Punkt C unter den Rückenmittelstreifen geschoben. Bevor Sie die zweite Rückennaht schließen, stopfen Sie die Beine fest mit Stopfwolle aus, damit der Ochse einen guten Stand hat. Danach schließen Sie die Naht über Rücken und Kopf. Vom Brustbereich aus können Sie Kopf und Körper mit Stopfwolle füllen.

Kleben Sie jeweils zwei Ohren zusammen, und stechen Sie unterhalb der Hörner ein kleines Loch in den Filz. Dort werden die Ohren mit Klebstoff eingesetzt. Der Schwanz wird einfach auf das Hinterteil geklebt. Über den Hörnern sitzen einige Stirnhaare (zwei Filzstücke à 2 cm x 2 cm, in Fransen geschnitten). Die Augen können aufgestickt oder aus Filz aufgeklebt werden.

Esel

Übertragen Sie die beiden Körperhälften, das Körperunterteil und den Kopfkeil auf den Filz, und schneiden Sie die Teile ohne Nahtzugabe aus. Die Filzstücke werden mit Festonstichen zusammengenäht (s. Zeichnung Seite 22). Zuerst werden die beiden Körperhälften und das Unterteil zusammengefügt. Vergessen Sie nicht, den Kopfkeil miteinzunähen.

Bevor Sie den Rücken schließen, stopfen Sie die Beine fest mit Stopfwolle aus, damit der Esel einen guten Stand hat. Schließen Sie die Naht bis auf eine kleine Öffnung im Brustbereich, und füllen Sie Kopf und Körper des Esels gut mit Stopfwolle aus. Dann können Sie auch die letzte Öffnung schließen.

Zwei Ohren werden jeweils zusammengeklebt und am Kopf festgenäht. Schneiden Sie die beiden Filzstreifen (4 cm x 7 cm) für die Mähne zurecht (Vorlagenbogen), und nähen Sie diese beiden Stücke nebeneinander auf Stirn und Rücken des Esels. Der Schwanz wird eingeschnitten und einfach auf das Hinterteil geklebt. Die Augen können aufgestickt oder aus Filz aufgeklebt werden.

Schafe

Größen des Biegeplüsch-Gestells

	Kleines Schaf	Großes Schaf
Ohrenkreis	3,5 cm	5,0 cm
Kopfoval	2,0 cm	2,5 cm
Körper	5,5 cm	7,5 cm
Bein oder Beinpaare	8,5 cm	12,0 cm

Ohren, Kopf und Körper werden aus einem Stück Biegeplüsch gefertigt. Legen Sie zuerst, z.B. für ein großes Schaf, einen Kreis mit 5 cm Durchmesser für die Ohren. Stabilisieren Sie den Kreis durch zweimaliges Umschlagen des Drahtendes, und biegen Sie ihn zu einem schmalen Oval. Umschlingen Sie mit dem Biegeplüsch die Mitte des Ovals, und formen Sie dann den Kopf. Der Biegeplüsch wird wieder durch einmaliges Umwickeln der Ohren stabilisiert und nach 7,5 cm für den Körper abgeschnitten. Klappen Sie für die Beinpaare je 12 cm Biegeplüsch in der Mitte zusammen, und schlingen Sie das erste Beinpaar 3 cm hinter den Ohren um den Körper. Das zweite Beinpaar wird nach weiteren 3,3 cm am Körper befestigt.

Umwickeln Sie zuerst Beine, Ohren und Kopf (ohne Klebstoff) mit dünnen Strähnen aus Stopfwolle. Schicht um Schicht werden dann Hals und Körper aufgebaut. Zum Schluß können Sie die Beine auf eine einheitliche Länge zurechtschneiden und aus einigen Wollfasern am Hinterteil ein Schwänzchen drehen.

Die genauen Maße für die einzelnen Teile des Biegeplüsch-Gestells für große und kleine Schafe können Sie obiger Tabelle entnehmen.

Weihnachts-Anhänger

Schneiden Sie jeweils zwei gleiche Motivteile (Vorlagenbogen) ohne Nahtzugabe aus Filz einer beliebigen Farbe aus. Sämtliche Anhänger werden mit Festonstichen (s. Zeichnung Seite 22) zusammengenäht und vor dem endgültigen Schließen mit etwas Stopfwolle ausgefüllt. Zwei Motive (Glocke und Tannenbaum) lassen sich auch plastisch gestalten. Legen Sie dazu die beiden ausgeschnittenen Teile aufeinander, und steppen Sie die Filzstücke an der gestrichelten Linie zusammen.